Lettre à un ami

写给一位朋友的信

書知@心

生活之盐

[法] 弗朗索瓦丝·埃里捷 著　周行 译

生活·讀書·新知 三联书店 生活書店出版有限公司

巴黎
拉丁区
1954年

序

下面的文字也许会令那些熟悉我撰写人类学专著的人颇感意外。我在此谦卑地告诉大家这到底是一本什么样的书：这是一本随着笔墨和灵感而产生的“幻想集”，而且其来有自。某个晴朗的夏日，其实是在烧烤般的酷暑中，我收到一张从苏格兰寄来的明信片。是一个我非常喜爱的人，让-夏乐·皮耶特教授——我在心底里把他尊称为“皮耶特先生”——从斯凯岛（Skye）给我寄来了片言只语，信笺的开头如下：“偷得一周闲暇在苏格兰休假。”

Portree
ISLE OF SKYE

偷得一周闲暇
在苏格兰休假。

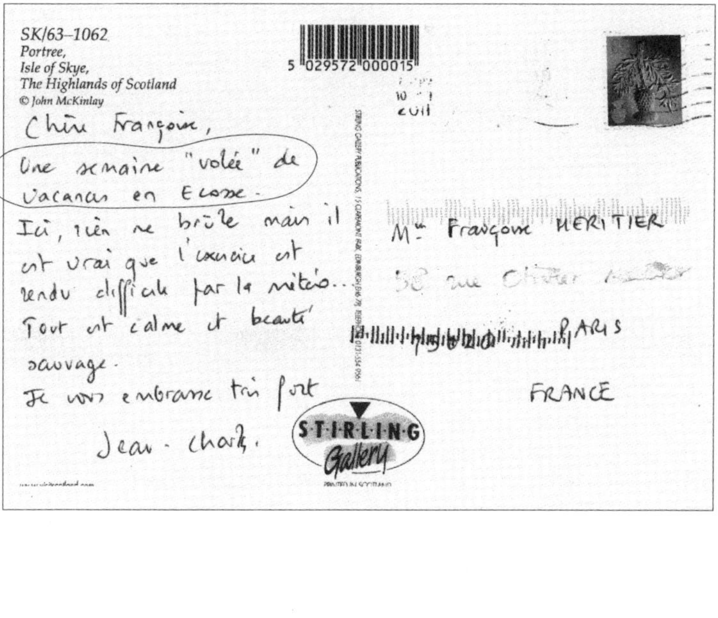

SK/63–1062
Portree,
Isle of Skye,
The Highlands of Scotland
© John McKinlay

5 029572 000015

Chère Françoise,
Une semaine "volée" de vacances en Ecosse.
Ici, rien ne brûle mais il est vrai que l'exercice est rendu difficile par la météo...
Tout est calme et beauté sauvage.
Je vous embrasse très fort
Jean-Charles.

Mme Françoise HERITIER
38 rue Olivier [illegible]
PARIS
FRANCE

STIRLING Gallery
PRINTED IN SCOTLAND

要知道，皮耶特教授是著名的临床专家，拉皮狄耶(La Pitié)医院的内科教授，深受患者爱戴。我也是他的一名患者，30年来有幸得到他的治疗。皮耶特教授只为患者和工作而活。我总是看到他处于几近精疲力竭的状态，为每一位患者看诊都会花上数小时，甚至会亲自把排在最后、等候太久的患者送回家，还去火车站接患者（他曾经接过我一次），何其慷慨和热情，简直到了不可思议的程度。他竟在信笺上用了一个“偷”字：“偷得一周闲暇。”这个字格外打眼。谁偷？偷了什么？是皮耶特教授从一个他亏欠太多还报不尽的世界偷走了一点点喘息的时间，还是相反？他让铺天盖地的人和事、诸多沉重的责任和容不得片刻分心的工作剥夺了他的生活！是我们偷走了他的生活。是他偷走了自己的生活。

于是我开始这样给他回信：您每天都忽略了那些构成生活之盐的东西，却只是得到一种永远做得不够的负疚感。这样做又有何益？动笔写下几个主要思路之后，我很快陷入了深思，认真地自问，到底哪些东西在过去、在当下、在未来构成我自己生活中的盐？

接下来便是一连串的罗列，一份简单的清单，就这样断断续续地从我脑子里冒出来，像一段长长的呓语般的独白，有关觉知、感受、情绪、“小确幸”与大欢乐，偶尔出现深深的幻灭之感，甚至痛苦。尽管我愿意更多地回想生活中明亮的而不是暗淡的时刻，但后者不可避免地出现过。从那些每一个人（男人也好，女人也罢）都有可能在现实生活中经历的普通小事出发，我在其中慢慢加入一些私人的、历久弥新的、在脑海里留下强烈印象且永远难以忘怀的记忆片段，虽然在当时只是如电光火石般的一瞬，我相信那种体会可以经由简短的文字传达。大可以把这本小书看作一首赞美生活的散文诗。

我想，我的人生确实是逃过了不少烦心事的困扰。我很幸运能以智识思考为职业，这一职业让我的人生有了一种高度，给日常生活也增添了一分极其罕见的愉悦。我过去一直很享受我的工作，现在也继续享受着。我很幸运未曾遭遇贫苦和极大的困境，无须像成千上万不幸者那样为求生而挣扎。因此，我的话可能会被视为一个人生幸运儿的享乐主义言论，然而我仍期望这些谈及纯粹感官觉知的文字能唤起所有人的实际体验。

读者在阅读这本书的时候会感觉到时间的厚度。我出生于第二次世界大战前。“二战”给我留下了深刻的记忆，但我并未在“二战”中经历太多痛苦，反而有机会在利夫拉杜瓦（Livradois，位于法国中央高原地区多姆省的一个自然区）度过了长长的假期，见识了业已不复存在的乡村和乡村生活方式。我在非洲的生活经历也会穿插其中，还有我的患病经历。当然还有各种相遇，不同寻常的邂逅，对自然、动物、天籁、光影、滋味等的关注，尤以对他人的关注为甚。

书中不会或极少触及我的私人生活，同样也不会涉及智识生活、研究与写作，虽然这些事情也令人非常愉快；亦不涉及爱情，尽管爱情在我的生活中占据一席之地，就像在诸位读者的生活中一样，我想，它一定占据着很重要的位置。但它不是我要谈的。我要谈的是什么呢？

活着，这一简单的事实里存在一种轻盈和美好，超越职业，超越强烈的情感，超越政治或其他任何方面的立场，我想谈的就是这个，我们每个人都被赐予的这一点点多出的部分——生活之盐。

目录

2011年

P1 8月13日
与其说您“偷”得了假期，
还不如说您每天在偷取自己的一部分生命……

P9 8月13日 几个小时之后
您呢？
假如有一天某件东西
将从您的生活中永远消失，
您最怀念的会是什么呢……

8月14日
P17 冒着令您不胜其烦的风险，
我斗胆继续写……

8月15日18点27分 P27
在雨季的夜里抵达尼亚美，走出停机坪闻到
非洲大地潮热浓烈的气味，看着月光下一对
狮子悄无声息地横穿飞机跑道，车头灯突然
照见一只兽的眼睛……

8月17日

P37

还有……

……看着《走出非洲》里极度克制的

罗伯特·雷德福或《乱世佳人》里

桀骜不驯的克拉克·盖博时激动到无法自已……

8月18日

迷失在约翰·福特无垠的天空里，

乘小飞机飞越非洲丛林；

P45 打水漂儿；

不耐烦到哆嗦起来；

含住一块姜时感觉味蕾的颤动；

触摸小牛湿润的鼻子……

10个小时以后

P53 暮色四合时感觉空气微凉而轻轻颤抖，

听到阴险恶毒的话语时丝毫不为所动……

8月21日

P61

见到亲手种植的鸢尾第一次开花，

满怀爱意地剪下自己栽培的大波斯菊，

摘除枯黄的叶子，

把马草堆得整整齐齐；

在喧闹嘈杂之后享受宁静的美好……

P69 8月24日

第一次对自己崇拜的人
亲密地直呼其名（在其主动要求之下）时
内心微微颤抖……

P79 9月2日

在自己的花园里
不能不种旱金莲；
让瓢虫在手指上爬……

9月4日 P91

看电视时哭了，因为看到某人找到自己伤重垂死的兄弟，慌张地抓着他使劲摇，而濒死的兄弟目不转睛地望着他，像小孩一样呻吟……

9月6日 P101

闭上眼睛缓缓而久久地嗅着深爱的人额角发丝间散发出的沥青和大海混合的神秘气味，而对方乖乖俯首不急不恼……

9月10日
P109 想到要给某人一个愉快的惊喜
就高兴得抖起来；
讲故事，大声读书……

9月15日
独自一人想到一些事情的时候，
笑弯了腰或痛哭流涕…… P117

9月23日
P137 米歇尔·福柯去世时，
目睹一些强大的灵魂为他哭泣……

10月10日
P149 你看得出来，最亲爱的让-夏勒，这些并不是什么高深的哲学思辨，不是对于生命的虚无的深刻反思，也不是每个人难言的隐私。仅仅是把自己的生活中的每一幕变成一件美好的珍宝，它会不断地自动生长，让我们每天都能从中汲取力量……

P159 **翻开新的一页**

8

Août 2011

Lu	Ma	Me	Je	Ve	Sa	Di
1	2	3	4	5	6	7
8	9	10	11	12	13	14
15	16	17	18	19	20	21
22	23	24	25	26	27	28
29	30	31				

昨天收到您的明信片格外高兴，得知您在那个令人神往的美丽岛屿度假更是开心。身处苏格兰的轻雾之中，您想必十分畅快。但是，与其说您“偷”得了假期，（它并非通过歪门邪道获取的“不法之物”）还不如说您每天在偷取自己的一部分生命。

假设您这辈子按照平均寿命活到85岁，也就是31,025天。平均每天睡眠8小时；3.5小时购物、做饭、吃饭、洗碗；1.5小时洗漱、个人护理、生病；3小时做家务、照顾孩子、通勤、干杂事和零活儿；每天工作6小时，每月140个小时，连续工作45年，不算工作中所获得的乐趣；每天1小时进行必要的社交，与邻居闲聊，与同事聚会，开会研讨，等等。算算还余下多少时间让一般人来进行其他与其灵魂相关的活动？

度假、看戏、看电影、听歌剧、听音乐会、看展览、听讲座、欣赏和演奏音乐、仰着头漫步以及各种艺术实践、做园艺、访友、远足、旅行、无所事事、写作、胡思乱想、反思、运动、桌面游戏、填字、休息、对话、友情、调情、爱情，还有让人产生罪恶感的享受，有何不可呢？你可能发现了我都没有提到性，好，就算1000小时：一生中的性活跃期每天1.5小时，大约在5点30分之前或之后。

而您，您把自己的工作时间拉长，挤占了其他的时间，忽略了生而为人内心深处渴望的一切令人愉悦的东西。

欢乐的家庭野外露营

1948年

8

Août 2011

Lu	Ma	Me	Je	Ve	Sa	Di
1	2	3	4	5	6	7
8	9	10	11	12	13	14
15	16	17	18	19	20	21
22	23	24	25	26	27	28
29	30	31				

几个小时之后

在刚才那份生命之盐的清单里，我遗漏了很多东西。因此，我要用超现实主义者的方法来继续：联想，任由想法自生。所有这些可能给你一种享乐主义的印象，因为我将与智识上的愉悦或态度立场相关的雅趣都放在了一边，谈的都是不那么严肃的东西，虽然性不在讨论之列。但是，若想保有活着的“乐趣”，这些东西是非常重要、非常必要的：我说的是那些细微的愉悦所带来的内心的震颤，还有种种疑问乃至沮丧，若是顺其自然生灭，也不失为乐趣。我继续一一道来。

……我遗漏了那些止不住的大笑；通电话时随意的聊天；手写的信件；与家人（看情况）或朋友聚餐；站在柜台前喝着啤酒、啜饮红葡萄酒和白葡萄酒；在艳阳下喝咖啡，在树荫下睡午觉，在海边吃牡蛎，在树上吃樱桃；为了逗笑故意拌嘴；搜集一套收藏物（石头、蝴蝶、盒子，或是别的什么）；凉爽秋夜的极乐之感；夜里醒来而其他人都已睡着；极力回想老歌的歌词，寻找熟悉的气息或味道；安安静静地读报、翻看相册、逗猫；打造梦想中的家，铺上一床漂亮的被子，漫不经心地抽烟、写日记、跳舞（啊，跳舞）；出门参加派对，参加7月14日的国庆舞会，和百万法国人一样听新年音乐会；懒散地躺在沙发上；漫步街道看橱窗、试穿鞋子、扮鬼脸模仿别人；探访一座陌生的城市；玩迷你足球、拼字游戏或多米诺骨牌，玩文字或双关语游戏；说笑话；做一道大菜；钓鱼、慢跑、玩法式滚球（Pétanque）；反复思索一个问题；在电视上或在艺术实验电影院里看一部老电影；双手插在口袋里吹口哨；放空头脑，沉默独处的时光；在温暖的雨中奔跑，在幽暗中促膝长谈，还有落在颈间的吻，街上飘来的热腾腾的羊角面包的香味，会心的眼神交换，大自然中万籁俱寂的片刻……听孩童们玩耍时发出的声声欢呼，享用冰激凌或巧克力；知道对方喜欢你、注视你，并倾听你的时候，感觉自己动作敏捷矫健；睡懒觉；登上钓鱼船；观看手艺人做活儿（嘿！很久没见到过了）；欣赏街头的人来人往；与经年未见的老友重逢，认认真真听人说话……

法式滚球，是滚球运动的一种，使用金属球及一颗小的木球进行。其中小木球称为目标色球（cochonnet 或 jack），放置于目标圆圈区中央。当对手的铁球接近目标色球时，球员掷出自己手中的球，如果比对手的球更接近目标色球，则得分。先达到获胜分数者胜。这个运动于 1907 年或 1910 年在法国南部普罗旺斯地区的拉西奥塔（La Ciotat）出现，随后流行于法国各地。——译者注

还有好多好多被我遗忘的东西。

您呢？假如有一天某件东西将从您的生活中永远消失，您最怀念的会是什么呢？

LA VIE EN ROSE
DES YEUX QUI FRO
UN RIRE QUI SEA
VOI LÀ LE PORTR
DE I'HOMME
QUAND I'L MI
IL ME PR
IL ME PR
JE 'WIS LA
Book of LIFE
2011
8.13

布基纳法索

猴面包树

1964年

8

Août 2011

Lu	Ma	Me	Je	Ve	Sa	Di
1	2	3	4	5	6	7
8	9	10	11	12	13	14
15	16	17	18	19	20	21
22	23	24	25	26	27	28
29	30	31				

冒着令您不胜其烦的风险，我斗胆继续写。

……虔诚地聆听莫扎特、披头士或阿斯图德·吉尔贝托（Astrud Gilberto），为了听最喜爱的歌手的演唱会连夜往返瑞士；大把的树莓吃个饱；大风天里走在沿海线上，等待日食或雕鸮飞过；为投对方所好而冥思苦想；赤脚行走，听大海反复地吟唱，伸懒腰打呵欠；点一盏小小的灯或打开大大的照明灯，寻求艳遇时不吝赞美之辞，等待意味深长的目光；尽管不该这么做却卷起书页的一角，偶尔抛却礼节，忘记取信件；互相挽着手臂或者手拉手，逆人流而行；替风雅的老先生扶着门；蜷起身子，深深呼吸清晨新鲜的空气；注视风中摇晃的树枝，点燃噼啪作响的柴火；狼吞虎咽

阿斯图德·吉尔贝托（1940— ），巴西女歌手，擅长桑巴和巴萨诺瓦，代表歌曲为《来自伊帕内玛的女孩》（*The Girl from Ipanema*）。

地吃醋渍小黄瓜配香肠；盯着时钟（20分，差20分，整点）等待一位天使飘然而过；说错话干傻事，胡乱地甩动头发，出其不意地向某人微笑；故作正经地谈论鸡毛小事而拿严肃的事情开玩笑（可不是随便跟谁都这么做的）；不忍受粗鲁的服务，也不听“无所不知”先生夸夸其谈；大大方方地欣赏自己喜欢的东西（包括跑车轰隆隆的引擎声）；倾听生活本身；仰躺成“大”字入睡，像神探哥伦布一样挥手致意，三步并作两步爬楼梯，上气不接下气地跑到某个地方；看电影看到流泪，毫不掩饰自己的情绪或者相反保持面无表情，不言不语—不胜仰慕—洗耳恭听；骑自行车、弹钢琴或射箭，散步时因内急到附近的大酒店里借用奢华的洗手间，一屁股坐下并陷进深深的扶手椅里；收集各种古怪的零碎小玩意儿；把手指插进灌木丛的青苔里或洗衣粉的泡沫里；听乡村警察敲鼓（再也听不到了）和街头艺人表演手摇风琴（如今也没有了）；奔跑着追赶男友；坐在敞开的窗户旁边；在一个陌生的地方醒来，心怦怦跳；斟酌利弊，掂量一个甜瓜；与儿时好友重聚，回想起曾被埋藏的记忆（天呐！确实发生过）；不急不忙地挑选一件无关紧要的东西（而在关键事情上坚持不变的选择），注视一群燕子中的一只翩翩飞舞，从高处望着一只悠然自得的猫咪，偷偷窃笑，等待蓝色时光(heure bleue)的来临；一边给自己养的植物浇水一边

指夕阳西下到暮色四合之间的那段时间，此时的天空被大气层上部的光线照亮，呈现出怀旧而忧郁的蓝色微光，预示着夜晚的到来。——译者注

和它们说话；惬意地抚摸上好的皮料、毛茸茸的桃子或柔顺的头发，仔细欣赏《蒙娜丽莎》的背景细节或弗拉曼克（Vlaminck）画中的蕾丝花边，一听到某个人的声音就惊喜地跳起来；开启冒险之旅，坐在黑暗里一动不动，用齿尖小心翼翼地品尝烤蚱蜢；跟老朋友滔滔不绝地倾谈，想象动人的故事……

法国野兽派画家。莫里斯·德·弗拉曼克（Maurice de Vlaminck, 1876—1958）与马蒂斯、德兰、玛律肯生活在同时代，画作充满生命的活力与行动。他的画风也被认为是最具性格的野兽派典型风格。弗拉曼克出生于巴黎，17 岁时成为脚踏车竞赛选手，除了曾随一位无名画家学习素描之外，独自练习画画。

1900 年，弗拉曼克认识了画家德兰，在巴黎郊外夏图（Chatou）的画室一起作画，两人成为画友。在德兰的介绍下，弗拉曼克认识了马蒂斯。1905 年与马蒂斯、德兰、玛律肯等共同参展巴黎的秋季沙龙，成为野兽主义画派活跃的成员之一。他运用强烈对比色彩、狂野笔法，充分掌握野兽派特有的表现手法，这种风格持续时间约有两三年。

1907 年巴黎的秋季沙龙举行的“凡·高作品回顾展”，给他很大的冲击，也促成他改变绘画风格，他描绘了许多块面状的树林，配置哥德式的教堂建筑风景。1908 年后，他舍弃原色转为暗赭与深蓝色调，画面的构成明显地受到塞尚的影响，一度尝试立体派画法，但后来憎恶立体主义。1915 年后脱离塞尚画风，表现厚重郁积的感情、黑白强烈对比的雪景，还有瓶花等。

1909 年，弗拉曼克举办大规模画展，获得很大的成功。在油画之外，他也创作了许多水彩和版画。晚年画风沉潜于暗色调，画面线条带有激愤不安的感觉。弗拉曼克是一位活力充沛的艺术家。他在作画之外，也从事写作，对赛车兴趣浓厚。

THE
BEATLES

两岁留影

©DR.

8

Août 2011

Lu	Ma	Me	Je	Ve	Sa	Di
1	2	3	4	5	6	7
8	9	10	11	12	13	14
15	16	17	18	19	20	21
22	23	24	25	26	27	28
29	30	31				

18点27分

即使您可能厌烦，我也要继续写下去。接下来会越来越尖锐，感觉涌动的思绪如同江水在不断冲刷几近坍塌的河岸。其实，我在给您留下一系列线索，也许20年后，有人向您问起我是个什么样的人。

……对着电话轻声说悄悄话，提前数年定下约会；痴迷于罗伯特·米彻姆(Robert Mitchum)[1]的风采、亨利·方达的步态、布莱德·皮特的微笑、吉娜·特纳和米歇尔·菲佛浪漫的美貌、玛丽莲·梦露的纯真和奥黛丽·赫本的优雅；在佛罗伦萨细细品尝咖啡冰激凌，满怀惬意地叹息；在大商场里漫无目的地闲逛；在坑坑洼洼的路上开着吉普车

1 罗伯特·米彻姆(1917—1997)，美国著名演员，以主演黑色电影著称。1999年被美国电影学会选为百年来最伟大的男演员第23名。——译者注

飞驰，围着盘子蹲着用手抓东西吃，分食一颗可乐果或一块巧克力；在电影院里感到胆怯，读侦探小说或很棒的科幻小说；毫不害臊地伸手拿走果盘里最漂亮的那只桃子，小心翼翼地把滨螺肉从壳里挖出来，在货真价实铺着格子桌布的公路餐馆吃饭，敲击水晶杯发出清脆的声音；现场看一场精彩的橄榄球赛，玩勃洛特纸牌、扑克、快艇骰子、十字戏或多米诺骨牌，跟牌技不佳的牌搭子一起乱打；为一件琐事激烈抗议，拒绝跟易怒的人妥协（包括小孩，偶尔也让他们在商店里干瞪眼）；偶尔享受一下预约出租车接送，且坐看车站排队等车的长龙（Suave mari magno）；下雨的时候刚好有伞而且伞够大足以让几个人避雨；步伐轻快，在落叶堆积的路上走；看着祖母的相片

Suave mari magno，拉丁语，意为因自己没有像别人那样遭罪而高兴。引自古罗马诗人卢克莱修的诗作《物性论》。——译者注

微微含笑；夜晚听见灰林鸮呼呼叫，白天听见蛐蛐儿叫，采一束野花，望着浓雾层层散去，在田野里追踪一只野兔或在尼斯港追寻特兰蒂尼昂（Trintignant）[2]的身影；试着捕捉自己沉入梦乡的那一刹那，感受自己疲惫的身躯压在床上的重量；参加考试被录取；靠着某个人的肩膀睡着；参加大型欢庆活动，观看一场美丽的焰火表演；听卡拉斯唱歌、风声呼啸或冰雹噼啪作响；凝视炉火；边走边吃三明治；走在温热的沙滩上；小口地呷饮；向空中抛起钥匙串；在林间小解；感动到热泪盈眶；看足球比赛时看到一脚稳射大声欢呼；抚摸、被抚摸，亲吻、被亲吻，拥抱、被拥抱（出于爱意、

2　特兰蒂尼昂（1930— ），法国著名演员、剧作家和导演。——译者注

投契或柔情）；感觉自己干劲十足、踌躇满志、充满激情、怦然心动，对陈规旧俗不屑一顾；赞赏年少青春，眼大肚子小；体验既害怕又好玩的快感；不舒服的时候一睁眼看到朋友们的脸庞；暗自回味某个有趣的念头、计划和记忆；在雨季的夜里抵达尼亚美，走出停机坪闻到非洲大地潮热浓烈的气味，看着月光下一对狮子悄无声息地横穿飞机跑道，车头灯突然照见一只兽的眼睛；彻夜长谈，祈愿身边所有人都幸福；清理壁橱，惊叹自己依然活着；被某个问题困扰很久却灵光一闪找到解决办法因而欣喜若狂；收到喜欢的礼物、友人的心意或一张明信片；齐声唱起流行歌曲，心怀秘密，有意地胡思乱想，享受时光的美好……

布基纳法索

在常设文化区作田野记录

1958年

8

Août 2011

Lu	Ma	Me	Je	Ve	Sa	Di
1	2	3	4	5	6	7
8	9	10	11	12	13	14
15	16	17	18	19	20	21
22	23	24	25	26	27	28
29	30	31				

还有……

……看着《走出非洲》（*Out of Africa*）里极度克制的罗伯特·雷德福或《乱世佳人》里桀骜不驯的克拉克·盖博时激动到无法自已；拣选豆子；倒出鞋里硌脚的小石子；午夜时泡澡；去看北极光；在草地上翻筋斗打滚（好久没这么玩过了），找到一株长着四片叶子的三叶草；成功完成一件事情；吃到熟悉的传统菜肴；用脚丈量人行道旁石头之间的距离，聆听提示列车到达的一小段音乐；想象如何将一件物品、一座房子或一个地方尽其所用；挑选外皮烤得有点儿焦的面包；给兔子搂草，给花浇水，织一条绒毛围巾；戏院里灯暗声息时注视幕布升起，在鸡尾酒会上抓住机会吃到一口食物，听《冬之旅》感动到哭泣，到热尔比耶得德可荣克山 (mont Gerbier de Jone) 寻找卢瓦尔河的源头；赞美街头偶遇的陌生人；赴约时弄错日期、星期或月份，阔别20年后重逢仿佛从未分开过；用一种让人忘记其存在感的香水，知道如何让别人遗忘自己；故意搞笑，抱起一个孩子笑话他太沉而不问他各种傻问题；思考自己生前在哪里而不纠结身后将如何；揉皱报纸，剪下各种图片然后做成拼贴画；乘坐飞机起飞降落，用垂涎的目光望着邻座上的菜；观察行人的步态并胡乱猜测他们心里在想什么；坐在露台上等咖啡；思考是否要健身；有时想起做个深呼吸；将长号水平摆放，手工制作蛋黄酱或雪花蛋奶，初尝一种香甜的异国水果；回忆儿时说的土话、学过的谚语和知识，令人意外地一语中的；极渴的时候大口喝水，从不为自己感到羞愧。

《冬之旅》（德语：*Winterreise*）是奥地利作曲家弗朗茨·舒伯特依据威廉·米勒的诗改编的声乐套曲，创作于 1827 年至 1828 年间。它讲述了失恋的主人公在冬季漫行时的所见所感。它是在舒伯特病入膏肓时创作的，因而多少能反映出他当时的身心状态。

BON VOYAGE
TRAIN 81

布基纳法索

在猴面包树下做家谱调查

1963年

8

Août 2011 .

Lu	Ma	Me	Je	Ve	Sa	Di
1	2	3	4	5	6	7
8	9	10	11	12	13	14
15	16	17	18	19	20	21
22	23	24	25	26	27	28
29	30	31				

……跟暹罗猫或一只布列塔尼猎犬亲密对谈；连续打七个喷嚏；第一次看到特雷甘克（Trégunc）教堂的钟楼尖顶；万事皆备的完美野餐；模仿莉娜·霍恩（Lena Horne）唱《暴风雨》（*Stormy Weather*）或像朱迪·加兰一样唱《彩虹那边》（*Over the Rainbow*），试着学路易斯·马里亚诺（Louis Mariano）唱《墨西哥》，可是高音部分唱不上去；迷失在约翰·福特（John Ford）无垠的天空里，乘小飞机飞越非洲丛林；打水漂儿；不耐烦到哆嗦起来；含住一块姜时感觉味蕾的颤动；触摸小牛湿润的鼻子；找到蘑菇，采摘野生蓝莓；涨潮时去拾贝类；欣赏收拾整齐的厨房、卧室或办公室；反反复复地念着佶屈聱牙的词语（souillarde——洗碗槽、antienne——赞美圣母

位于法国布列塔尼的菲尼斯泰尔省。

歌、mithridatisation——人工耐毒性）；搭乘缆车；剧院演出开场敲三次棍子时跳起来；玩捉迷藏，起鸡皮疙瘩且汗毛倒竖；在乡下参加抽奖抽中一个没用的小玩意儿；夜里在大树夹道的小路上行走时心生畏怯；洗个舒服的热水澡，做头部按摩；行李收拾停当，把钥匙插入锁中，出门旅行；赤手抓小虾（现在是不可能了），捉勃艮第蜗牛（现在也没可能了）；躺在长椅上，等邮递员来送信；为了听见回声而使劲大喊；脚踢小石子；不顾父母嫌恶的目光抠掉自己膝盖上的痂（很久以前的事了）；某次数学考试得了18分（优）；吹口琴，强辩到底；做好一个木制模型，拼完一个大拼图；远眺富士山或乞力马扎罗山，想去博博迪乌拉索(Bobo Dioulasso)；贪婪地听着喜欢的人说

法国剧院传统，演出前以木棍敲击舞台地板三下。

法国的学校评分以 20 分为满分。

的每一句话，凝视经典西部牛仔片里的詹姆斯·斯图尔特，看平原上蜿蜒前进的火车带来“独臂大侠”斯宾塞·特蕾西，观看《异形》或《僵尸》等恐怖片时吓得缩进椅子里；观赏柽柳（tamaris）；做核磁共振检查时睡着，安慰找不到静脉的护士，觉得实习医生“很帅”；交通指示灯显示行人止步车辆通行时穿过马路因而被一个来自瑞士洛桑的男人训斥；双手插在口袋里，在床上蹦蹦跳跳（也是很久以前的事了）；剥朝鲜蓟；运用玄学奇谕，觅得一幅漂亮的太阳眼镜；吃小辣椒被呛得喘不过气来；必要时冷冷地反驳；驯养一只动物；细细搜索天际那座风雨欲来时才能望见的小岛；为书写或骑车挥洒汗水……

-POST-
GARLAND

布基纳法索

在一家铁铺采访铁匠，收集信息

1964年

8

Août 2011

Lu	Ma	Me	Je	Ve	Sa	Di
1	2	3	4	5	6	7
8	9	10	11	12	13	14
15	16	17	18	19	20	21
22	23	24	25	26	27	28
29	30	31				

10个小时以后

为芝麻绿豆大的小事费尽力气；划燃火柴，擦亮铜器；在无聊的会议上打盹，玩很难的填字游戏；东西怎么都摆不稳的时候破口大骂，最好是用布列塔尼土话大骂；不被刻意的阿谀奉承所迷惑；忍不住食指大动，爬上圣母院塔楼的时候梦想去马丘比丘，被尼亚加拉瀑布飞溅的水花打湿；环绕一棵巨大的猴面包树走一圈；靠臂力从没有辘轳的井里打上水来；在蚊帐的保护下感到安心；拆开一件礼物（里面装的是什么呢）；对未来充满好奇、迫不及待；欣赏一头硕大的普瓦图（Poitou）长毛驴或萨莱尔（Salers）母牛；任务完成后精疲力竭地一头倒在床上；清洗完一大堆锅碗瓢盆；大雾时登梅内斯堪山（Menez-Hom），天晴时爬多姆山（Puy-de-Dôme），寒风里上旺图峰（Ventoux），在伊佐阿尔山口（Casse Déserte de l'Izoard）打开抛锚冒烟的汽车前盖（20世纪50年代初）；重新找到旧藏宝盒和盒子里一块好看的云母；认识到万事转头空所以应及时行乐；绘声绘

一种驴子的品种，原产地在法国普瓦图省，因此得名。厚重的毛皮是它外观最主要的特征，目前全球剩下不到一千头。

萨莱尔母牛原产法国中央高原，产肉和产乳性能均非常优秀，为中大体型牛，通常有角，毛色为枣红色，少部分无角，全身遍生绒毛，耐寒性强。该牛牛角向外向两侧开张，十分威武。头额宽，胸部宽深，臀部尤为丰满，四肢粗短。

色地背诵拉封丹寓言故事；控制自己的懒惰以及对变化的恐惧；美好的傍晚时分坐在露台上啜饮一杯啤酒而略感饥饿，暮色四合时感觉空气微凉而轻轻颤抖，听到阴险恶毒的话语时丝毫不为所动；有当红人物风头正劲时保持低调；不觉得健美先生和他的八块腹肌有多好看；抓着山羊的角拉它往前走，一只爱嫉妒的暹罗猫冲着我狂叫；认得一些工具却不知其用处；不言则已，言必由衷；不认为自己必须跟其他人一样，思考自己愿不愿意像修道士一般隐居；对一切充满好奇，睁大双眼，愉快地嗅着新割下来的马草或被海浪冲到岸边的海藻的气味，踌躇于退潮时淤泥的气味，涉水过河或一蹦一跳地踩着石头过河；给蒙娜丽莎画上胡子（同时想到著名的超现实主义画作*LHOOQ*而窃笑）；保持长时间静默不动引得鸟儿飞来停驻；像奥巴马一样碰巧随手抓住一只苍蝇；听水流淙淙流淌的声音；坐进被太阳暴晒的汽车时热得发出惨叫……

LHOOQ（法语发音：[el aʃ o o ky]），或译《带胡须的蒙娜丽莎》，是杜尚一系列依据《蒙娜丽莎》改造而成的作品，最早的一幅完成于1919年，属于“现成品”（ready-made）艺术。最初杜尚只是给达·芬奇的这幅画作上的人物用铅笔加了两撇小胡子，然后重新命名为“LHOOQ”而已。通常评论家都把这幅画看作对传统艺术的嘲讽。“LHOOQ”是一个双关语，法语发音类似“Elle a chaud au cul”，意即“她有一个性感的屁股”或“她的屁股很热辣”，以隐喻性欲旺盛的女性。

波德里欧 · 郭德里耶修道院 (couvent des Cordeliers)
旧塔遗址
1982年

8

Août 2011

Lu	Ma	Me	Je	Ve	Sa	Di
1	2	3	4	5	6	7
8	9	10	11	12	13	14
15	16	17	18	19	20	**21**
22	23	24	25	26	27	28
29	30	31				

……收到别人送的一只珍珠鸡或其他好斗的禽类或动物；有各式各样的盒子、谷仓或大柜子；站在悬崖边；惟妙惟肖地模仿人或动物的声音、步态和语调；睡在新换的床单上，装作饶有兴致地观赏巴黎11区区政府宴会厅的田园风光壁画；修指甲；起身拒绝；将心注入作品之中，听科吕什（Coluche）[1]、皮埃尔·德普罗日（Desproges）[2]的节目或是看卓别林和戴安·基顿（Keaton）的电影时开怀大笑；面对某些“艺术作品”百思不得其解，绝对不在家中收藏某一类书（比如否定主义者和排外者的书）；感觉自己身心畅快（哪怕只是暂时）；想办法用别的东西代替手边缺少的工具；能将全法各省

基顿生于1946年，美国电影演员、导演和制作人。她从舞台上开始演艺生涯，1970年初次登上银幕。她的第一个主要角色是1972年电影《教父》(*The Godfather*)里的凯·亚当斯。之后她和导演及联合主演伍迪·艾伦一起合作了《呆头鹅》(*Play It Again, Sam*)、《傻瓜大闹科学城》(*Sleeper*)和《爱与死》(*Love and Death*)，从而确定了她喜剧演员的风格。凭借在影片《安妮·霍尔》(*Annie Hall*)中的出色表演荣获奥斯卡最佳女主角奖。

1 科吕什，法国幽默演员。

2 皮埃尔·德普罗日，法国幽默演员。

及其首府名倒背如流（唔，不一定做得到）；看20世纪30年代的女性时装觉得滑稽而非常喜欢古代克里特服装；见到亲手种植的鸢尾第一次开花，满怀爱意地剪下自己栽培的大波斯菊，摘除枯黄的叶子，把马草堆得整整齐齐；在喧闹嘈杂之后享受宁静的美好；偶然找到过去的纪念物时感到意外而又感动；从最后一页开始倒着读报纸；因为偏侧习惯（惯用左手、右手或左腿、右腿）导致的怪诞后果而发笑；开车上路时处在其他所有车前面或后面或是逆车流而行的时候产生一种无所不能的幻觉；用巨大的双耳盖锅煮一个鸡蛋（像戴安·基顿一样）；总算有一次做到了当场以妙语回击而不是事后诸葛……

古代希腊是巴尔干半岛南部、爱琴海诸岛及小亚细亚西岸一系列奴隶制城邦的总称。这里的古代文化几乎得到了全面发展，在音乐、绘画、建筑、历史、数学、自然科学、哲学等方面均辉煌灿烂。在高度发展的古代文明的背景下，古希腊的服装独具风采，以它自然、质朴的风格体现出独特的艺术魅力。

公元前2000年左右，希腊早期文明——爱琴文明发祥于克里特岛。历史上又把它称作米诺斯文明，是由神话中米诺斯王国而得名，其文化艺术达到了惊人的水平，在服装方面以其天才的裁剪技术创造了紧身合体的服装。克里特男子的体魄像体育健儿一样，具有比例匀称、肌肉发达的人体美，而且崇尚细腰。其服饰简朴而独特。克里特妇女的服装更加艳美、精致。高腰位的腰带把服装分为两部分。紧身和前胸袒露是克里特女服的特色。在克里特岛北部发掘出来的著名《诺萨斯宫的女蛇神》所穿的华丽服装，为克里特古代宫廷妇女最流行的式样。上衣短小而紧身，胸乳裸露，并束着金属腰带。袖子通常只到臂肘部位，下身着圆锥形层层叠叠的裙子，精美绝伦。

FRANCE

贝蒂纳镇

和她的丈夫马克·奥热 (Marc Augé)

以及非洲民族志学者德妮丝·波默 (Denise Paulme-Schaeffner)

1978年

8

Août 2011

Lu	Ma	Me	Je	Ve	Sa	Di
1	2	3	4	5	6	7
8	9	10	11	12	13	14
15	16	17	18	19	20	21
22	23	24	25	26	27	28
29	30	31				

是否就此打住？

……拔一根草用手指夹着做成哨子吹出响声；深夜里窝在床上听见波德里奥（Bodélio）厨房里报时的西敏寺钟声，每隔一刻钟那钟声回响得越久，听见莫厄朗（Moëlan）的“牛叫”声，看西部片里蜂拥的人潮；抚摸老妇人光滑而干瘪的手，叫妈妈“我的小妈妈”、叫女儿“我的宝贝”、叫丈夫“我的心肝”，并由衷地觉得这些称呼贴切至极；在好孩子（Bons Enfants）餐馆的内院里用餐，细细品味一个离奇的犹太人故事；跟着让·加宾（Jean Gabin）一起唱《当我们在河边散步》，能够正确地读出康纳城（Cunlhat）的发音；心狂跳着拆开来信；人在户外碰上“魔鬼嫁女”（什么？哦，对不起！我说的意思是大晴天遇上骤雨），观察日落时的霞光预

指法国西北部菲尼斯泰尔省的滨海莫厄朗，当地人将放置在海面上监测大浪危险的声信标称为“母牛”。声信标会在海浪很大的时候发出哨叫报警。

让·加宾（1904—1976），原名Jean-Alexis Moncorgé，法国著名演员，虽然外貌粗犷，但他几乎可以饰演所有角色，如贵族、农民、小偷、经理，一生曾与法国许多著名导演合作，在各种类型电影中出演角色，曾两次获得威尼斯电影节最佳男演员奖、两次获得柏林电影节最佳男演员奖。

测第二天会下雨；郑重其事地将一位少年尊称为“先生”；返家途中听莉娜·凯蒂（Rina Ketty）的甜蜜歌声，走在小路上时听米雷耶（Mireille）的动人声音；看到正合心意的颜色开心得忘乎所以；随着查尔斯·特雷内（Charles Trenet）的歌蹦蹦跳跳，和伊夫·蒙当（Yves Montand）[1]一起凝望荡秋千的女孩的双腿；第一次对自己崇拜的人亲密地直呼其名（在其主动要求之下）时内心微微颤抖；伴着雅克·杜特朗（Jacques Dutronc）[2]的歌声在巴黎城中醒来；吃饭时有意识地舔净盘子底；早春二月在罗马的那佛纳（Navona）比萨店晒着太阳吃着芝麻菜沙拉喝着奥尔维耶托（Orvieto）葡萄酒，金色纽扣折射出的暖光在下颌处跳跃闪烁；从宅院门口的葡

米雷耶·阿尔图什（1906—1996），艺名米雷耶，法国作曲家、歌手和演员，也是作家埃马纽埃尔·伯尔勒（Emmanuel Berl）的妻子。

法国的国民歌王，20世纪二三十年代就已成为香颂的代表人物，与伊迪丝·雅芙（Edith Piaf）齐名，一生创作了不少广受欢迎的歌曲，还曾参与电影演出，可说是位多才多艺的艺人。他的歌曲大部分节奏明亮，歌词则充满着温暖的感情，带给人安抚的作用。他有许多歌曲都被翻唱成英文，比如他的代表作 *La mer*，英文版就是 *Beyond the Sea*，在电影《海底总动员》里你一定听过。他还有一些歌被纳京高（Nat King Cole）、弗兰克·辛纳屈（Frank Sinatra）等翻成带有爵士乐味道的英文歌曲。

1 伊夫·蒙当（1921—1991），生于意大利的法国演员及歌手，本名伊渥·李维（Ivo Livi）。曾出演的电影有《恐惧的代价》《大风暴》《甘泉玛农》等。他的代表作香颂《秋叶》（*Les Feuilles Mortes*），后来被改成了英文版 *Autumn Leaves*。

2 雅克·杜特朗（1943— ），法国歌手、吉他手、流行歌曲作者、作曲家和演员。

萄架上直接摘下葡萄来吃，注视大滴水珠溅落地面、一道大大的彩虹、暗夜里远处的一点光、一颗流星或静静划过长空的太空舱；用储钱罐存硬币；依恋之物；纤细的腰身；无意中发现一只专心致志的小动物；感觉所有人屏声静气时的凝重；开口说话如同步入擂台开始搏击，搜肠刮肚找到恰当的语言来传情达意，等待某人的来电；因为捡来的鹅卵石晾干时逐渐失去美丽的光泽而忧伤，幻想拥有一座位于小径交叉的森林深处、装着绿色百叶窗的大宅，欣赏由两道宽宽的台阶组成的大楼梯或朵大饱满的蜀葵或琉璃瓦片铺就的屋顶；无伴奏的清声齐唱，为一副音色漂亮的嗓子而激动；撞见一张像极了某位熟人的脸，因此对新人的态度像故人一样熟稔；秘密地自言自语，对爱过的人始终另眼相待；收到一本新书的清样稿；品尝用烟熏法采到的野蜂蜜，嚼着脆脆的水萝卜，煮糖渍苹果，用咸酥面团做蛋挞，喝新鲜的苹果酒；露营睡在星空下，惊讶地看着放在地上忘记收起来的鞋盒里的鞋子被白蚁一夜之间破坏得面目全非，用葫芦喝一口热乎乎的啤酒然后递给下一个人，驾车长途行驶却没有损坏一只轮胎；候诊时瞥见走廊尽头医生匆忙的高大身影和他白大褂的下摆而感到安定、愉悦和舒适；喜欢战地生活的一切——包括艰苦的条件；大方承认自己对某些东西的厌恶；从木桶中取出一些葡萄酒；注视着主治医生凭指尖触摸就能找到病灶的熟练的双手；不经意间说出一句妙语却直到旁人都大笑起来时才意识到；一脚油门顺利通过美丽城街，去理发，去美甲……

美丽城是巴黎的一个街区，跨越四个区，主干道美丽城街 (Rue de Belleville) 沿着 20 区和 19 区之间的界线。今天，美丽城是个丰富多彩的多民族的社区，也是巴黎城里的两个“中国城”之一，另一个位于 13 区的意大利广场。

OPEN
BONs ENFANTs

波德里奥

与小马驹一起

1986年

9

Septembre 2011

Lu	Ma	Me	Je	Ve	Sa	Di
			1	2	3	4
5	6	7	8	9	10	11
12	13	14	15	16	17	18
19	20	21	22	23	24	25
26	27	28	29	30		

我像上瘾了一般停不下来，继续写。

……在一条有起床气的黑色树眼镜蛇面前一动也不敢动；喜欢豪斯医生、《海军罪案调查处》(NCIS)里扎着棕色头发的年轻哥特女孩和《甜心俏佳人》里的女主角；夹在两个女友之间一起跳绳，结果两个女友把绳子越甩越快（这是古时候的事了）；非常喜欢喝杜松子酒汽水和杯子边缘凝结的水珠，或金巴利苏打鸡尾酒；把开心果或腰果摆成一排一个个吃掉；拿起一块糖在邻座的咖啡杯里蘸一下；用小勺把杯底甜甜的泡沫舀起来吃掉；好不容易摆脱野生灌木丛里一大群蜜蜂的攻击，闻到很浓的焦油气味和压榨乳木果油时让人略感恶心的香气；拼命避开有损轮胎的太深的车辙；想象旧时女裙的衬架底下的光

美国爱情喜剧，讲述了一位即将迈入 30 岁的年轻女律师在生活中所必须面临的历练与苦难、悲伤与喜悦、友情与爱情，以及面对事业成败或对人生产生疑问时的处理态度。

景；把各种男性遮蔽用具罗列一遍；一个人躺在医院的病床上靠自己坐起来；知道自己期盼的那个人会来；在海岸边的山顶上望着风景如花冠一般展开，看云卷云舒，感到脚下的地球在转动……计算闪电和雷声之间的时间差；盯着暗处看，看出黑天牛之类的奇怪形状；假装会看咖啡渣的形状做占卜；努力想学会正确洗好一副纸牌却徒劳无果；某天，春风得意地从厨艺课回家，用刚学会的蛋黄酱、旱芹丝强行在家人面前露了一手，然后连续几天只做这一个菜；恬不知耻地回想自己做过的蠢事和说过的蠢话；在午夜去圣奥古斯丁参加午夜弥撒，在当年还是用木头铺的佛伊将军街 (rue du Général-Foy) 的路面上滑了一跤；推铅球成绩特别好，除此之外在体育方面一无是处；曾想谁能获得艾玛尔 (Aymard) 院长的赞扬，后来发现是自己；在同事的婚礼上穿了一件漂亮的红色连衣裙，而那位同事是法国驻苏联大使的儿子，娶了一位知名女小说家（多年前）；像基诺 · 巴特利 (Gino Bartali)[1]一样

1　基诺·巴特利，法国环法自行车比赛冠军。

骑自行车上山坡，结果下来的时候刹车都刹不住；玩碰碰车时一边大笑一边很讨厌这种游戏；去参加舞会却只有一个手风琴手和一个鼓手，华尔兹跳得极好，同时也喜欢跳爪哇舞、伦巴、西班牙斗牛舞、探戈，甚至摇滚舞（真的！真的）；整夜不眠看完一本小说；整夜不眠为家中第一位去世的亲人（母亲的母亲的母亲）守灵，整夜不眠守着自己的孩子；听到一小段莫扎特的曲子，次次都能让你揪心；当着百来人从台阶上摔下来，爬起来装作什么都没发生继续往前走；玩“猜名人”的游戏，“如果我是……”；在海水中行走；轻轻触碰敏感的人；小心地摘下仙人掌的花；抚摸一只被人驯养的刺猬；有一只叫皮德罗的圈养绵羊；旁观名唤“小姑娘”的小猫在谷仓里跟小老鼠的大战（小猫最终取得胜利）；在利夫拉杜瓦，一天之内吃了：从一个整的圆面包上切下来的热乎乎的黑麦面包、用大炉子煮熟的“用来喂猪”的土豆、刚刚搅出来的黄油、黑樱桃做馅的蛋糕（那是战时却仿佛是在昨天）；记得《这里是伦敦》（法国流亡电台），在奥弗涅见过抗德游击队员，在圣艾蒂安、菲尔米尼(Firminy)、拉·里卡马里(La Ricamarie)、基尔岸(Rive-de-Gier)藏在洞里躲炸弹轰炸；喜欢过洒在高脚果盘里的红糖粉和“噎死人”的土豆糕；与弗朗索瓦·密特朗、乔治·马歇(George Marchais)[2]和兰贝尔·法布尔(Robert Fabre)[3]一起在凡尔赛门参加左派大会，在偏僻荒凉的地方从一位加纳移民带来的咔啦直响的破收音机里听到了1968年“五月风暴”开始的新闻；在非洲过了一段清苦日子之后，回国看到满街店铺物资丰富而极为激动；在法国女性解放运动组织MLF刚成立时在蒙苏利公园附近参加过几次会议；保留他人赠送的一切；不顾自己有可能迟到也要帮游客或迷路的人指路；亲笔手写信件；为即将到来的会面、论辩中某个需要继续展开讨论的论点或是阐述某一想法的最佳方式而出神；煮茶；准备临

2 乔治·马歇(1920—1997)，法国共产党(PCF)1972年至1994年期间的总书记。

3 兰贝尔·法布尔(1915—2006)，法国政治家。

时安排的晚餐聚会；昏迷之后在抢救室中苏醒过来，短暂地以为自己大限将至；当自己的孩子快乐时也感到快乐；是吸收情感的海绵，对一切都感受强烈，但忍着一点儿都不表露出来……再也不牙疼（别的地方也不疼）；把门或木楼梯弄得嘎吱响，用粉笔在石板上划出声音；在想象中浮现一切清晰的细节；珍藏着母亲六十多岁时在业余跑步比赛之后穿着自行车服站在自行车旁摆姿势让地方日报拍的那张难看的照片，自认为没能耐做到同样的事情；永远怀疑自己的能力并怀疑别人的称赞是否可信（我们从小被教育得多么谦逊啊）；知道自己是“天蝎”，上升星座是巨蟹，并且会读读星相指南；看到报纸发表自己的访谈或文章时故意取了个骗人眼球的副标题就气不打一处来；心满意足地把几枚两欧元的硬币存进盒子里以备不时之需；因为怕物资匮乏还留着食品定量供给时期的“粮票”；总是担忧汽油耗尽或天黑前找不到旅馆，尤其当车里还有孩子的时候；到学校接女儿或给她准备下午的小点心，跟女儿通信时亲手画一些歪歪扭扭的插图；玩“睡美人”游戏；看到“我再也不天天这么干了”的广告时笑了；记不起一个搞笑的小故事；信任自己的哥哥而且跟他在一起永远不会腻；避免过分烦人，同时也不放弃自己的观点；厌恶命令式的口气，厌恶强硬、粗俗、攻击性的态度和倨傲的眼神，厌恶那些因为这种或那种理由自视高人一等的人所表现出的对别人的不尊重；用同一种语气、同一种语言且用同样的方式跟所有人打交道；认为“友善”是一种很高尚的美德；不避开不幸，把友谊当作一种承诺；全神贯注地看蚂蚁劳作；在草地上行走惊起一只只蚱蜢；知道到哪里能找出红松鼠；拥有花园铁门的大钥匙；任露台的石头缝之间的杂草疯长；在自己的花园里不能不种旱金莲；让瓢虫在手指上爬；看着炉子上加热的牛奶并在恰当的时间关火；按照妈妈的老方子（加黄油）做巧克力慕斯；对红酒沙司鸡蛋念念不忘；傻傻地看变戏法看得目瞪口呆；为美丽的风景或精彩的演讲所倾倒……

与她的丈夫马克·奥热 (Marc Augé)
和川田顺造 (Junzo Kawada) 及其妻女
1980年

9

Septembre 2011

Lu	Ma	Me	Je	Ve	Sa	Di
			1	2	3	4
5	6	7	8	9	10	11
12	13	14	15	16	17	18
19	20	21	22	23	24	25
26	27	28	29	30		

被好友邀请到乡下度假，发现那里既靠近海岸还有花园、果园，发现他的舅公约瑟夫长着跟维钦托利（Vercingétorix）[1]一样的胡子，他的表兄皮埃尔声音沙哑就像亨利－伊雷内·马鲁（Henri-Irénée Marrou）[2]，一边喝咖啡（有些人可能喜欢加奶）一边和表妹妮妮家的狗儿猫儿们分食饼干，表妹妮妮乖乖地坐在大桌旁的椅子上，阅读亨利·普拉（Henri Pourrat）[3]的小说，喜欢亚历山大·维亚拉特（Alexandre Vialatte）[4]和他风趣的专栏文章；伸个大大的懒腰，将双手交替放在脑后，双脚架在茶几上（唉！可惜不能像美国老片里那样把脚翘在书桌上）；希望有朝一日能用鞋底划燃一根火柴或像汉弗莱·鲍嘉一样若有所思地握住一支手枪，重温《虎豹小霸王》（*Butch Cassidy and the Sundance Kid*）、《死吻》

1 维钦托利（前80—前46），高卢阿维尔尼人（Arverni）的部落首领。

2 亨利－伊雷内·马鲁（1904—1977），受古代艺术影响的法国历史学家、原始基督教及历史哲学专家。

3 亨利·普拉（1887—1959），法国作家和人类学家，收集了法国奥弗涅省的口头文学。

4 亚历山大·维亚拉特（1901—1971），法国作家、文学批评家和翻译家。

(*Kiss Me Deadly*)、《不可思议的收缩人》(*The Shrinking Man*)、《牙买加的风》(*A High Wind in Jamaica*)和《死者》(*The Dead*)等老片，虔诚地收听欧洲一台每天下午5点播送的“莫莉(Molly)[5]的独白”(是的，这个电台最初属于文化类)，被最后期限吓得心惊胆战；翻看《法国制造》(*Manu France*)之类的产品目录，听人说我三岁时一页页地翻看上面的每一个图像；翻阅完一本书，第一印象不错的话就从头到尾重读一遍，发现不认识的新词(啊！最近才认识“拖延症”这个有点儿古怪的词，真是一件妙事)；看电视时哭了，因为看到某人找到自己伤重垂死的兄弟，慌张地抓着他使劲摇，而濒死的兄弟目不转睛地望着他，像小孩一样呻吟……屏息等待电影里那只黑熊在魂飞魄散、战战兢兢的切基·卡尤(Tchéky Karyo)面前直立起来的惊魂一刻；被莱昂纳多·迪卡普里奥和罗伯特·德尼罗的精湛演技震住，前者扮

5 莫莉，推断为《尤利西斯》中布鲁姆的妻子莫莉。

演一个爱傻笑的低智少年，唯一的梦想就是爬上水塔顶，后者独自一人在自己的小房间里念念有词“you talkin’ to me?”（你在跟我说话）；走下地铁站台发现空无一人，在电闪雷鸣的暴雨中狂奔，找到一片屋檐开心地躲起雨来；尝尝咸味的焦糖；穿越一座森林、一个巨大的白相思树花园、一片沙漠和盐田、一片红树林或池塘湖泊众多的东布（Dombes）地区，仔细琢磨朝鲜蓟花或桉树种子的形状和颜色，试图想象电话那头从悉尼传来的声音所跨越的千山万水；各种不顺凑在一起（起床晚了，打不到车，交通堵塞……）的时候急得直跺脚；看一只只系着铃铛的驴子和山羊从卢森堡公园往回走，注视法兰西共和国卫队骑着马路过，或是望着一队老式汽车在乡村公路上热热闹闹地招摇过市；采摘桑葚，避让一头狂怒的公牛、一只生气的大鹅或一条尽职的看门狗；找到一簇长得特别好的牛肝菌，结果眼睁睁地看着好奇的母牛把它一口啃掉，脸红然后为此感到害臊；深深爱着某人而对方却毫不知情；在餐馆分食盘子里的食物，在国外就餐时随意乱点；将旧衣橱擦得锃亮；反复听迈尔士·戴维斯（Miles Davis）[6]和塞隆尼斯·孟克（Thelonious Monk）[7]的音乐而百听不厌；对歧视女性者以其人之道还治其人之身；出于纯粹的善意将橙花水倒入外祖母的酒杯，外祖母喝了兑葡萄酒的怪味非常惊诧："我敢说，艾蒂安（她女婿），这葡萄酒真的不能喝！"与陌生人通电话意外相谈甚欢，听祖母滔滔不绝地谈论家人家事；为葛饰北斋的画、书法，阿兹勒赫瓷砖画或非洲缠腰布赞叹不已；拥有一篮子的非洲手镯……

在葡萄牙，瓷砖装饰叫"阿兹勒赫"，来自阿拉伯文"光滑的石头"。据说是公元15世纪时由摩尔人从阿拉伯传入葡萄牙。它继承了阿拉伯装饰艺术风格，以花卉和各种几何图案为主。

6　迈尔士·戴维斯（1926—1991），美国爵士乐手。

7　塞隆尼斯·孟克（1917—1982），美国爵士乐钢琴家、作曲家。

"YOU TALKING TO ME?"
"WE ARE THE PEOPLE"
TAXI DRIVER
BUTCH CASSIDY &
THE SUNDANCE KI
THE INCREDIBLE
SHRINKING
MAN
WHAT'S EATING GILBERT GRAPE ?

拉辛高中（Lycée racine）

高二全班合影

作者为上起第二排右侧算起第三位

1949年

9

Septembre 2011

Lu	Ma	Me	Je	Ve	Sa	Di
			1	2	3	4
5	6	7	8	9	10	11
12	13	14	15	16	17	18
19	20	21	22	23	24	25
26	27	28	29	30		

……担心自己的白色长裤会意外染上红色污渍，为了避免尴尬及时回到家中；直接拿着酒瓶喝酒或仰饮；倒放圆面包时想起祖父母的训斥："面包可不是躺着挣来的！"往果篮里摆放水果，坐在有色玻璃窗的轿车里看不见外面；用葡萄枝开酒瓶，使劲摇晃瓶身使瓶塞"嘭"的一下冲出来；捉萤火虫；在街上偷偷地闻旁人身上类似祖母用过的古龙水的味道；对《驴皮公主》(*Peau d'âne*) 里美妙绝伦的裙子赞叹不已，幻想拥有修长纤细的双腿、意大利油画中怀抱圣子的圣母脸上浮现的忧郁神情或蒂尔达·斯文顿 (Tilda Swinton) 充满艺术范儿的浅金色头发；多年前的某天，克洛德·列维–斯特劳斯 (Claude Levi-Strauss) 在做完讲座之后出其不意地问完全听懵了的我有什么想说的，那一刻恨不得当场死掉，发誓永远不会对任何人做出同样的事；为密友

根据法国夏尔·佩罗的童话故事《驴皮记》改编的电影，王后去世并留下遗言——只能娶比自己漂亮的新王后，国王因此竟然爱上了自己年轻貌美的女儿。公主听从仙女教母的建议向国王提出三个难以达成的要求，一条天空般颜色的裙子，一条月亮般颜色的裙子，一条太阳般颜色的裙子。但是难题都被一一解决，公主只能要求国王杀了那只能产金银珠宝的神奇毛驴，披着驴皮偷偷逃出了王宫。

精心挑选一只手镯，安慰一个痛苦的灵魂；收到别人送的糖栗子；看艾德薇格·弗耶尔（Edwige Feuillère）[1]和让·马莱（Jean Marais）[2]在艾贝尔托（Hébertot）剧院穿着背带皮短裤表演《双头鹰》（*L'aigle à deux têtes*）却一点儿也没觉得滑稽可笑；到圣农拉布勒泰什（Saint-Nom-la-Bretèche）采水仙花，接近一只真正的公山羊并闻见它熏人的臭味；花数小时细细研究赫赫有名的两幅石印画片《人生的各个时期》（*Âges de la vie*）；着迷于父亲和他那双张开的大手的美；闭上眼睛缓缓而久久地嗅着深爱的人额角发丝间散发出的沥青和大海混合的神秘气味，而对方乖乖俯首不急不恼；给自己画出一道漂亮的蓝色眼线，碰到一个自称见到我太激动忍不住哭了的年轻女孩而受宠若惊；试图趁其不备摸到蜗牛的触角，不小心手肘触电；欣赏一群长得好看齐整的少女；为木槿花的颜色和飘逸的形状神魂颠倒；因为40这个数字带给人确定无疑的感觉而认为40岁比50岁或60岁更老；令自己忐忑不安，因为一点儿蠢事、大意、延迟或别人的闲话而吓唬自己，被自己非常在意的人注意到，对自己刚刚做完的事感到很满意……

1　艾德薇格·弗耶尔（1907—1998），法国著名的舞台演员和电影演员。

2　让·马莱（1913—1998），法国演员兼导演。

PEAU D'ANE

布基纳法索

被太阳晒得皱起了脸

1963年

9

Septembre 2011

Lu	Ma	Me	Je	Ve	Sa	Di
			1	2	3	4
5	6	7	8	9	10	11
12	13	14	15	16	17	18
19	20	21	22	23	24	25
26	27	28	29	30		

……从未读过某些伟大作家的作品，但愉快地记得小时候读过的第一本儿童书里描写的安的列斯群岛上的神秘“小山”，曾暗恋1946年至1950年间在索邦大学高中优等生综合竞赛的颁奖仪式中进行表演的巴黎高中合唱团的乐队指挥夏勒－安德烈·于连－布兰；曾经在弟弟患猩红热时（当时还没有抗生素）在一所聋哑人寄宿学校生活了两个月；在圣艾蒂安的塞维涅学校（cours Sévigné）与慈善修女（soeurs Saint-Charles）一起度过了数年时光；享受孤独，觉得周遭过分热闹时把自己藏起来；能捕捉事物的相似之处却一直没学会画画儿；谈论逝者让他们获得重生；因自己的怯懦、懒惰、犹豫不决、缺乏坚持、多疑迟缓、贪嘴爱拖延、怕打扰别人等各种缺点而在心里狠狠骂自己；听一个男性友人用“疑心重重”这个词来解释他多次以失败告终的恋爱经历而颇感震动，并自问怎能毫无信心地活着，体验到痛苦终止极度强烈的幸福感降临、幸福到心微微作痛的那种感觉；认识一个对日常的一切漠不关心的人，当别人在电话里问他天气好不好的时候他需要特意看看窗外的天空；在心里默默使用祖母常说的那些生猛的断语和鲜活的略语：傲婆子、大混蛋、呆子、长舌妇、自命不凡的家伙、饿牢鬼、好斗分子、大肚腩、泼妇、古怪玩意儿、眼高于顶的东西、快活的憨子、骚货、坏坯子、小牛子、自作聪明的娘们儿、老坏蛋、只会挂香肠的傻高个儿、河东狮、招人嫌的相、没脖子的豆娘、绣花枕头、奸小、矫情女、穷光蛋、懒汉、打流（无所事事地闲逛），这些语言都体现了祖母的道德观和性别观念！有成年人把你跟他的祖父母归为一类的时候不由得火冒三丈，瞎说什么呢！因皱纹不多而开心，因难看的疤痕而伤心；赞叹着端详新生宝宝，他们的小小手、圆溜溜的眼睛和棱角分明的嘴，赞叹他们将通过身体的这一处处接受知识和爱；偶尔去马尔西尼（Marcigny）出售小牛小羊的集市，喜欢逛市场，喜欢鲜鱼清澈的眼睛、堆成山的水果、一块块的康塔勒（cantal）干酪、一小片草地，津津有味地翻看小五金、缝纫用品和绦子花边；想到要给某人一个愉快的惊喜就高兴得抖起来；讲故事，大声读书；爱过五只猫：一只腼腆的奥弗涅灰猫“圆圆”、一只难伺候又爱叫的暹罗猫“朱莉”、一只聪明活泼的布列塔尼虎斑猫“小妈妈”和它的儿子“米奇姆”、一只温柔浪荡、胸部发达的虎斑猫；喂了总共四十八个苹果酱卷边饼、巧克力提子面包、棕叶油酥饼和奶油圆蛋糕也不够给贪吃的山羊阿格拉雷解馋，小时候（跟姐姐、表姐一起）用朗姆酒奶油蛋糕喂一只真正野生的老山羊，结果把它弄醉了……

JULIE
MON CHAT
MÈRE

和她的母猫“圆圆”和“朱莉”

1981年

9

Septembre 2011

Lu	Ma	Me	Je	Ve	Sa	Di
			1	2	3	4
5	6	7	8	9	10	11
12	13	14	15	16	17	18
19	20	21	22	23	24	25
26	27	28	29	30		

……有一整套《电影手册》（*Cahiers du cinéma*）；恨自己天生不适合戴帽子，以前喜欢穿红色，后来喜欢穿黑色，现在喜欢穿蓝色；“9·11”那一天看着从双子塔上跳下来的一个个逗号似的人影，心中默默悲泣了数小时；着了魔似的喜欢那种能拆了重装的中古玩具；一直寻觅却未曾找到好吃的勒芒（Le Mans）“王后”苹果、汁水甜如蜜的杏、晚熟红桃和鹅莓；随心所欲地使用家里人自创的暗语或地方土话：别在厨房“踩泥”，我一会儿要拖地，这房子歪七扭八（没有一处是正的），不知道他在“胡搞”什么搞了好几个小时，“烧酒”嗓，“烩口条”（接吻），我要“发气”了，这条裤子做得太“瞎胡闹”了……着了魔一般地猜字谜和谜语；有时保持一派天真也不悔；对一个低能蠢男狠狠发飙，因为这人评论《第二性》“对一个女人来说写得还算不错”，然后草草几句就把它说得无足轻重；在大风暴 (la Grande Tempête) 来临之前走在风光无限的波德里奥 (Bodelio) 大道上；认识一只怪猫，每次小女孩把小提琴拿出来准备拉琴，它就发疯般地吵着要出门；看父亲模仿大猩猩笑得岔气；看马里奥·巴瓦 (Mario Bava)[1]的《撒旦的面具》(*Masque du Démon*) 开场镜头吓得大叫；看完《狼人家族》(*le Loup des Malveneur*) 做了好多天噩梦；独自一人想到一些事情的时候，笑弯了腰或痛哭流涕；在自己家安安心心地接受拉皮狄耶医院实习医生的服务；长水痘的时候为了防止抓挠手腕被绑起来；一边数念珠祷告一边看管母牛；骑在大牧羊犬“珍宝”的背上

推断是 1999 年的欧洲风暴。

1 马里奥·巴瓦 (1914—)，意大利著名导演。

跟米蕾特一起散步；小时候以为公鸡踩母鸡是在欺负它们，所以拿棍子打了公鸡；除陪伴自己养的猫咪“朱莉”下崽之外不曾有机会见识人或别的动物分娩，颇感遗憾；去弗朗索瓦和玛丽·弗利泰尔夫妇在利夫拉杜瓦的埃斯皮纳斯（Espinasse）的家中午餐时，尝到了美味的自制猪肉熟食、奥弗涅蔬菜烧肥肉、小青豆配鸽子和红酒洋葱烧野兔（打来野兔的是一个亲戚，他说：“这只兔子我认识。”），还有烤小牛肉配核桃油煎的小土豆和苏瓦松大白腰豆、沙拉、自制山羊奶酪、红酒梨配饼干，还有苹果派（哇哦）配咖啡和本地烧酒，吃得既疲乏又尽兴；久病缠身，如同被龙卷风袭击，无法动弹，好了之后觉得外面天气应该不错，可以去走走；试图安慰一个神志

法国多姆省的一个镇。

不清、在夜里不停叫护士的病人；觉得自己被有节奏的巨浪托着上下起伏；忘掉了自身的有限性，在黑暗中摸索着找到电灯的开关（可灯怎么都点不亮）；还记得几十年前那条蝉翼纱做的磨得皮肤发痒的连衣裙；在看过电影《碧血金沙》(*The Treasure of the Sierra Madre*)之后不敢将手伸到石头底下；读过帕特丽夏·海史密斯(Patricia Highsmith)[2]之后，将写有自己的姓名和地址的信封潇洒地扔进街边的垃圾箱里；叹惜自己因为偶然性而没跟想结识的人生在同一时代；猜想狮子被植物的刺刺伤爪子或被豪猪刺扎嘴时一定充满无力感；听扩音器里传出自己的声音；喜欢诸神瞻礼节时小城公墓里的氛围，碰到弗兰肯斯坦本人，即掘墓人，黄昏时分走出建在高处的贝尔蒂

即万圣节。

2 帕特丽夏·海史密斯(1921—1995)，美国犯罪小说家，以心理惊悚类型的作品而闻名，代表作是《天才雷普利先生》。

尼亚(Bertignat)墓园；小心照顾刚出生的小猫仔和数目过多没奶吃的小猪仔，让它们吃母山羊的奶；回忆起沿着明亮的街道漫步的情形；带着后怕想象着当初没能逃脱困境的话怎么办；徒劳地想挪动带滚轮的推车和输液架，讨厌挪不动的东西；比较自己和兄弟姐妹、丈夫、女儿对过去发生的事情的回忆，为人类超强的适应力感到惊讶；看到可笑的蠢事、夸夸其谈、自满、怯懦或某些人的悲惨遭遇时内心不停翻腾；拒绝故作孩子气地说话；因为自己的英语发音不好而脸红；从人们的声音来猜想他们的样貌；叹惜默片明星如约翰·吉尔伯特因为一副假嗓而转眼灰飞烟灭，喜欢深沉、犹疑、清晰、热情、带笑或温柔的嗓音，想象每种嗓音配一种相貌和一个永恒不变的年龄；一边读一边体会“&”(esperluette)一词的轻快或“嘈杂喧嚷”(charivari)一词的活泼、新兵(bleusaille)一词的怪异或“特拉斯提弗列”(Trastevere)这个地名的波云诡谲、“崇高的敬意”这种套话的夸张或“我们人民”这一说法的简洁，“合理的”(raisonnable)一词的故作正经或“回忆”(souvenir)一词的稍纵即逝；开着黄色敞篷菲亚特从意大利回法国；在恰当时机表示反对；敞开护窗板和窗户让空气流动起来，感觉“着凉”的时候浑身哆嗦，听到门“砰”的一响吓得跳起来，晾晒着的床单被风吹得卷起；欣赏雷东(Redon)私人宅邸前美如云霞的紫藤；在法国去任何地方都能看到几乎按同一个模子打造的外表不抢眼的火车站而感到高兴；觉得发电风车很好看，像巨大的鸟，可它们有时会威胁真鸟的安全；彻彻底底、完完全全且心平气和地为自己身为女性而感到幸福，同时对男性的喜爱也一分不少；床下的一个灰鼠窝消失了数月之后重新出现，对着天花板叱骂房顶上的睡鼠(夜间活动)；眼睁睁地看着一群乌鸦袭击灰林鸮的巢却束手无策；冬天在树林里摆放大盘肥肉和谷粒给野鸟吃，春天去看时盘子都空了；忍受那吹得人嘴唇干裂、肺部火烧火燎的哈麦丹风(西非的干旱风)，分享在6月第一场热热的雨中被淋湿时孩童般的欢乐；在瓦西古亚(Ouahigouya)，一个土墙围成的院子里看见一辆没有轮子的奔驰汽车，那是亚滕加省(Yatenga)首领家孩子们的玩具；被一帮干瘦又没分寸的老妇人乱摸一气，因为她们想知道面前这个奇怪的人到底是男是女；曾经希望自己像西蒙娜·西蒙(Simone Simon)[3]，长大后个子太矮，学不来她的风格；为成年人愚蠢的富足而感到灰心丧气；不喜欢泡澡，怕发型师弄头发弄得不好看，除非是斯蒂芬妮；喜欢书信体小说这种形式，比如《根西岛文学与土豆皮馅饼俱乐部》(*The Guernsey Literary and Potato Peel Pie Society*)[4]，偏爱喃喃细语、窃窃私语的声音，如同顺着钟乳石涓涓滴下的透明水滴；为忠于自己的想法、朋友和爱情而活着；有着一阵阵

瓦西古亚，布基纳法索北部亚滕加省的首府。

3 西蒙娜·西蒙(1910—2005)，法国电影女演员。

4 美国作家谢弗，拜罗斯合著的历史小说。

极大的激情，同时也有一阵阵强烈的不安；看完戏之后到比西街（Buci）吃一只猪耳朵；讨厌打折季的气氛；想试着听到自己打呼噜的声音；使用苹果电脑取得小小进步时并没有觉得开心；觉得驾照是最难拿到且最让人有成就感的证书；喜欢女性之间的友谊，把某些照片和物品看得跟自己的眼睛一样重要；两口吞下一块杏仁酱岩状甜点，奖励自己的努力或庆祝自己的成功；收集雨水来冲洗头发；喜欢奔跑着去追公共汽车，趁司机还没来得及收链子关门时一跃跳上车后的平台；在不乐意配合的小猫的鼻子上使劲儿亲一口；与爱的人相约在地球另一端某个遥远而具体的地方见面（时间是半年后），结果没能找到地方（已经不存在了），最终还是见到了彼此，尽管当年没有手机；记录自己在旅行中在哪些地方入睡；至少一个月外出一次，两人一起发现新的有趣的地方，用一门外语与他/她进行对话且时不时冒出一两个法语单词；很喜欢穴居的房子，全球各地的都喜欢；对机场广播里的完美声音并不动心；在一个美妙的4月的早晨，穿着粉色长裤，春风得意地走在圣雅克大街的向阳面，幸福像发烧的感觉一样，一阵一阵；剥鸦葱之后手指发黑；在听众席里找出一张脸来对着他/她说话；心爱的人左等右等等不来，所以担心得要死；真的卷起袖子准备动手，抓住一只在空中飞的气球；对着光检查鸡蛋，剥栗子；愉快地细读复杂的家谱，除了记得自己家的还记得别人家的；喜欢大的提线木偶；疯狂地爱上西岸爵士乐和“吹小号的年轻人”比克斯·贝德贝克（Bix Beiderbecke）的爵士乐；对萨恩列达姆（Saenredam）[5]画中高大洁白的教堂内部结构、深深的内廊和沉重木门十分着迷；欣赏凡·高笔下的紫色鸢尾花时被画布上堆积的厚厚颜料所吸引；当年在罗阿纳（Roanne）“三个胖子”餐馆吃饭的时候，老板还是三个人，吃甘草糖，吃温热的粥配新鲜的猴面包树叶做成的酱；在第四次阅读时找到一个错字；读关于暴风雪的故事；无所事事地坐着，双手晃荡，两眼放空；发觉停工时的吊车、废弃工厂和道路自有一种美；怨自己说话语速太快，总想帮那些口头表达缓慢

5　萨恩列达姆（1597—1665），荷兰画家。

的人尽快把话说完；忆起哈里斯·梅梅尔-福特（Harris Memel-Fotê）[6]；记得自己读《苦儿流浪记》（*Sans famille*）时为雷米、维达里和狗哭了；橄榄球以前是一种进攻性非常强的运动，看到赛场上一排进攻球员向后传球成功时会热烈地拍手欢呼；在非洲简陋的土坯房子里生活过很长时间；在剑桥集市上买了一些乡村手工制作的盘子；懂得阿格妮丝·摩尔海德（Agnes Moorehead）[7]表演的精准到位；在乡下厨房里用眼角的余光看见一只灰色小老鼠飞快地溜过；在尼罗河上搭三桅小帆船时逆风换抢行驶并目睹了菲莱岛（Philae）的救援行动；记得在马雷蒂莫（Marettimo）港看见一只巨大的安康鱼丑陋至极，而在那里的那段时光美好无比；平躺在开满雏菊的草原上，感觉

位于埃及北部。

意大利地名，位于西西里岛以西，地中海的埃加迪群岛之一。

6 哈里斯·梅梅尔-福特（1930— ），科特迪瓦人类学家。

7 阿格妮丝·摩尔海德（1900—1974），美国女演员。

地球正在太空中飞速前进；在普鲁奈特(Prunete)吃过油炸夏南瓜花；小时候在圣艾蒂安吃过用可活动的黑色松饼模子在老式厨房的火炉上烤出的心形松饼；在自己的就职课上使劲忍住了想哭的冲动才把第一句话说完，而在克劳德·列维-施特劳斯的就职课上，看见了阿兰·居尼(Alain Cuny)[8]阴沉的脸；在法兰西学院刚设立欧洲教席的时候便力荐安伯托·艾柯(Umberto Eco)[9]，还当着很多人的面迫使教育部正视法兰西学院极度缺乏与其名声相符的大梯形教室甚至普通教室的问题（后来我们就有了玛格丽特·德·那瓦尔梯形教室）；在夏乐剧院(Théâtre de Chaillot)观看《新曼陀罗》(*La Nouvelle*

法兰西学院新任命教授的首次讲座被称为就职课。

8 阿兰·居尼（1908—1994），法国男演员。

9 安伯托·艾柯（1932—2016），意大利哲学家、符号学家、语言学家和小说家。

Mandragore)，坐在舞台上近距离欣赏被封神的杰拉·菲利普（Gérard Philipe）[10]，欣赏夜空中分外明亮的满月和被照得发光的云朵；回想图尔农（Tournon）咖啡馆和理查德·赖特（Richard Wright）[11]、切斯特·海姆斯（Chester Himes）[12]《哈林区侦探》（*Harlem Detective*）以及史林（Slim）[13]当年的盛景；记起战后克里斯蒂安·迪奥（Christian Dior）设计的花苞形蓬蓬裙，喜爱过特吕弗（François Truffaut）的电影和德菲因·塞里格（Delphine Seyrig）[14]非常独特的嗓音；曾坐卡拉维尔（Caravelle）飞机旅行，转机三次才抵达瓦加杜古（Ouagadougou）；等安装固定电话等了两年，通过"气压传送"（pneumatique）寄信件到巴黎；当

法国南方飞机公司开发和制造的双引擎短中程航线喷气式客机。

即布基纳法索的首都。

10 杰拉·菲利普（1922—1959），法国男演员。

11 理查德·赖特（1908—1960），美国黑人作家。

12 切斯特·海姆斯（1909—1989），黑人侦探小说家。

13 史林（1918—1992），美国黑人小说家、诗人兼皮条客。

14 德菲因·塞里格（1932—1990），法国女演员。

选两个月后便辞世的教皇；在拉于谢特街（rue de la Huchette）上闲逛，去Maspero或Caveau听爵士乐表演，见过迈尔斯·戴维斯，许多最终变成时代标志的不起眼的东西；喜欢词语、喜欢它们的口型发音；有一大堆从来不用的围巾；继承了丹妮丝·保罗姆（Denise Paulme）[15]的六个水晶酒杯；曾获邀到人家家里做客，并被身为主人的父母当成生日礼物送给他们的女儿；读陌生的仰慕者寄来的信件得到安慰和鼓舞，跟敏锐认真的法兰西斯聊好几个小时，玩“小虫子爬啊爬爬啊爬……”的游戏，逗得宝宝咯咯笑；见识过基督圣体圣血节（Fête-Dieu）的游行队伍，举着窗帘，篮子里盛着玫瑰花瓣；有个表妹亲手给母牛挤奶时会用晾衣夹夹住鼻子；从漂亮的包装盒里取出维希清凉糖（pastilles de Vichy）、茴香糖或孚日蜂蜜松汁润喉糖（pastilles des Vosges），然后嚼碎；看小宝宝一天天

15 丹妮丝·保罗姆（1909—1998），法国的非洲民族学家和人类学家。

长大而老年人一天天干瘪；好用亚历山大体说话；享受昂热（Anjou）的甜蜜生活；曾住在蒙帕纳斯车站正上方的大厦里，灯火通明的时候看起来像所有舷窗都亮着的《阿玛柯德》（*Amarcord*）[16]游轮；给别人大大的拥抱；为《凯莉女王》（*Queen Kelly*）[17]里的情色和丹尼尔·戴-刘易斯（Daniel Day-Lewis）在《纯真年代》（*The Age of Innocence*）里的决然放弃而惊愕；觉得大卫·苏歇（David Suchet）演大侦探波洛（Hercule Poirot）时的文绉绉、利诺·文图拉（Lino Ventura）一头乱发的粗犷感、理查德·韦德马克（Richard Widmark）的奸笑和吉恩·蒂尔尼（Gene Tierney）在《幽灵与未亡人》（*The Ghost and Mrs Muir*）中惊人的甜美都值得细细品味；为亨利·方达（Henry Fonda）在《侠骨柔情》（*My Darling Clementine*）一片结尾的舞会中跳起华尔兹时也故作姿态而倾倒……

16 《阿玛柯德》，意大利导演费德里柯·费里尼所执导的一部电影，是他的代表作之一。

17 《凯莉女王》，1929 年由格洛利娅·斯旺森主演的一部默片。

和她的姐姐、弟弟合影

穿着那条“蝉翼纱做的磨得皮肤发痒的连衣裙”

1939年

9

Septembre 2011

Lu	Ma	Me	Je	Ve	Sa	Di
			1	2	3	4
5	6	7	8	9	10	11
12	13	14	15	16	17	18
19	20	21	22	23	24	25
26	27	28	29	30		

……喜欢徜徉在电影《沙丘》(*Dune*)的世界里，喜欢里面的地下水教堂；参观过蒙苏利(Montsouris)地下水库，尝试抢救一只被玻璃撞昏的斑鸫，看见它惊惶的伴侣数日之内反复飞回来察探；修理旧家具，在父母和朋友的协助下重新粉刷一间大厅；在巨大而精美的西班牙科尔多瓦大清真寺里感到自在适意；欣赏西班牙公路两旁与天空相映成趣的黑色铁艺大公牛；采一束毛地黄，在协和广场中央参加了法国大革命200周年纪念活动，广场上的大风将喷泉的水不断吹洒在游客身上，又湿又冷；与弗朗索瓦·密特朗谈起过布里奥内(Brionnais)的教堂，总是会被小小的博吉(Baugy)教堂的美打动；拒绝品尝加了奶油的黄瓜或鲜奶油；喜爱市立铜

布里奥内的教堂指法国中部地区古罗马式教堂。

法国中部地区古罗马式教堂。

管乐队的表演，观看学校年末的各种演出；有幸在英俊的路易斯·米盖尔·多明戈(Luis Miguel Dominiguín)[1]风华正茂的时候跟他碰过面；米歇尔·福柯去世时目睹一些强大的灵魂为他哭泣；睡在扎人的马草堆上；亲眼见到贝尔蒂尼亚镇长兼咖啡馆老板及夫人请一位真正的流浪汉吃圣诞节午餐，流浪汉背着褡裢，脚穿半筒靴，只要求给点儿热开水和一点儿盐来煮自己携带的细面条，还要一杯酒（得了两杯）；在田野调查时碰到了一些非常棒的对话者；扶起一位跪地恳求别人领养她因难产死去的女儿留下的孩子（最终有人答应领养）时，内心五味杂陈；在非洲驶过号称“波浪板”的公路，车速不当被震得散架，也驶过羊肠小道，为了避让尘土飞扬的红土路上的自然障碍物，只能不停地左右扭转方向盘；曾

1　路易斯·米盖尔·多明戈（1926—1996），西班牙著名斗牛士。

经（错误地）笃信自己的死亡近在眼前；努力把字写得清楚可读；梦想拥有一条漂亮的伊夫·圣罗兰吸烟裤或是在某本杂志里瞥见的高雅时装；惊讶于某博士论文《马达加斯加蜘蛛前腿腿毛的附着力》，打心眼儿里喜欢那只恋爱中的金刚，可是弄不明白他们是怎么把它塞进船舱里的；吃葡萄、甜橙、苹果、橘子或西瓜时吐籽（吃鳄梨就不用）；切中话题的要害；剪纸时分毫不差地剪出一个复杂的图案；给一篇文字画上句号；在帕赖–勒–莫尼亚(Paray-le-Monial)公路旁看见一家默默抵抗着时间流逝的废弃咖啡馆；听到迪古安(Digoin)口音不禁莞尔；不失愉快地回忆起五年级的时候上过“处世之道”课程；有次笑得太厉害差点被呛死；和比利时国王同时获得荣誉

法国的一个靠近里昂的小镇。

博士称号；从车库开出来撞到了停着的两辆车；心潮澎湃地回想起每一次去实地做田野调查；学会了查找七星书库；在长满多刺灌木的树丛中行驶数小时；见过土豚这种非常奇特的动物；在一间房顶被雨水冲塌的土屋里提心吊胆地过了一整夜；认识了几个信息源；开心地牢记调查中几次重要的相遇；当某件事情正如预料的那样发生时暗自得意；感觉风吹起时有点儿凉意，可以穿上一件小毛衣；惊叹身边的人变年轻了，找了一个25岁的计算机老师；听到妈妈说你永远20岁而爸爸说认不出你来的时候，心里颇为感动；每年夏天又吃到荆豆马卡龙甜点的味道；到林子里采越橘，回家时嘴唇被果子染得发黑；当吗啡开始起效，感觉疼痛渐渐消失；痴迷于罗伯特·格雷夫斯（Robert Graves）[2]的古希腊历史小说；一辈子

2 罗伯特·格雷夫斯（1895—1985），英国诗人、小说家。

都在学校里，做学生或做老师；在苏伊士战争期间每天饥肠辘辘，仅靠一根细棍面包和一杯咖啡过活，有天晚上受父母做钻石生意的一位女友的邀请饱餐了一顿，心存感激；去奥德翁剧院 (Théatre de l'Odéon) 看戏，然后到高乃依 (Corneille) 街与佛吉拉尔 (Vaugirard) 街交叉口、创建于1791年的“小瑞士”餐馆 (Petit Suisse) 吃饭；在杰尔巴岛被一位当地男人求婚，因为我穿着扣得严严实实的长裙；在阿克拉 (Accra) 大学为洁曼娜·迪泰伦 (Germaine Dieterlen) 叫了几次计程车，但司机都被她的过分要求吓跑；向一位多贡 (Dogon) 族的宗教领袖“侯贡” (Hogon) 致意，他坐在自己独居的房子前，房子正面墙上有一个个规整的凹洞，里面放

非洲马里的一个民族。

满了动物的头骨；参观位于巴黎黄金门(Porte dorée)的殖民地博物馆，正式展出北非城市的比例模型的时候，花了数个小时仔细观察各种细节；跟一位女友一起乘坐游轮旅行；骑过一次单峰骆驼；爱吃土耳其软糖和其他蜂蜜口味的阿拉伯糕点；在渥太华印第安博物馆倾听乌鸦的叫声；曾经在多哥(Togo)共和国的公路边看一只小猫贪婪地吃着我们给它的肉块，因为肉块有点辣味，辣得它浑身毛都竖起来，每次想起还是会大笑；想起巴黎天空飞翔的燕子和从克里希(Clichy)一直延伸到蒙梭(Monceau)的市集，吃香料面包，看到焦糖饼干就垂涎三尺，走进一间弥漫着肉桂苹果派香味的房子……

与弗朗索瓦·奥朗德（François Hollande）
在《见证人》（*Témoins*）杂志社办公室
2000年

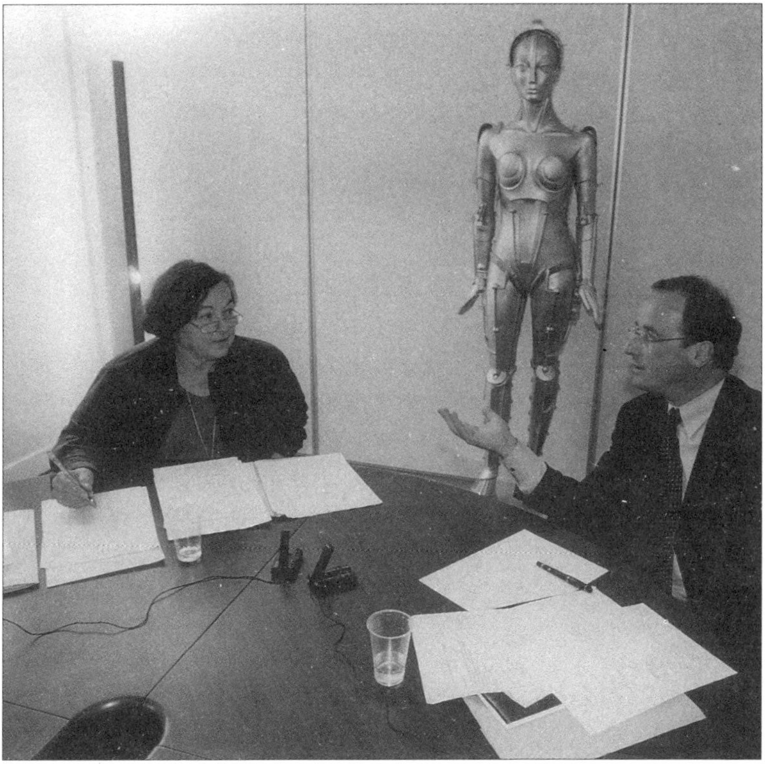

IO

Octobre 2011

Lu	Ma	Me	Je	Ve	Sa	Di
					1	2
3	4	5	6	7	8	9
10	11	12	13	14	15	16
17	18	19	20	21	22	23
24	25	26	27	28	29	30
31						

……一个冬季的雨夜，桑西耶–多邦东（Censier–Daubenton）地铁站出口处行人稀少，于是向路边一个门洞里正在躲雨的剃着刺猬头、脚蹬马丁靴、乍乍呼呼的庞克三人组问路，被这三个体贴周到的年轻人一直护送到了维默努兹（Vermenouze）广场门口，还说："可不，您自己一人找可能就找不到呢，而且，万一……"乘坐一辆内衬金黄色真皮、散发着蜂蜜香气的法希维加（Facel Vega）豪车，在刚刚开通、空无一人的西部公路（A13公路）上高速奔驰；做乡村猪肉汤的时候加葡萄酒变成掺酒的汤；"二战"时吃过手工土法制作的萨瓦多姆干酪，里面会冒出很多蛆来，一拱一拱地爬；避难流亡的时候暂时停留在卢瓦尔河上的叙利镇（Sully-sur-Loire），跟9岁的姐姐

巴黎地铁七号线的站名，巴黎第三大学、自然史博物馆和著名的穆夫塔街（Rue Mouffetard）都在附近。后文提到的维默努兹广场就在穆夫塔街上。

法国高级跑车品牌。

一起给被俘的士兵分发杯装的水，而那些路过的俘虏步履不停（成年人没有权利停下来休息）；想起16岁时的自己和一条有绿色大圆点印花、大领子的白色蓬蓬裙，后来穿的一条大红绉纱裙，上身是紧身胸衣，一条大摆半裙，用蝉翼纱做成的小袖子，还有一条方形低领黑色蕾丝连衣短裙，非常合身，还有一条栗色天鹅绒连衣裙，配一件金褐色人字纹系带马甲，一条非常宽的黑色皮带扣住，变成束身的上衣，一双跳舞专用的有着亮紫色鞋面、银色鞋跟的高跟鞋；站在那种又大又沉、里面衬着布、表面折射着深绿色波纹闪光的勃艮第衣橱跟前总是有一点点不安，衣橱里看着黑洞洞的，感觉一不小心掉进去就会被黑暗撕碎或是看见一道强光；惊讶地发现已经作古的人的声音还会在脑海里出现，但并不是所有的逝者，不是，也不知道为什么能听到某些人的声音而听不到另一些人的声音；玩手指；在生活中某些惊魂、不适或骚动的时刻能够感觉自己是一块岿然不动的石头；敲击一扇有黄铜门环的木质大门；闭上双眼，更好地倾听波德里亚高大的杨树林中吹过的风声，感觉轻风拂面；讨厌头发粘在脸上，讨厌口红，讨厌脖子被打结的围巾紧紧裹住，讨厌用肘关节夹住手提包，讨厌肉色内衣和太过紧身而勒在手臂下方的内衣；送某人一把小刀或裁纸刀时为了某天不会跟对方翻脸成仇而收下她作为补偿给的一点儿小钱；欣赏风趣的俏皮话、幽默的玩笑，甚至戏谑或讽刺，但厌恶挖苦，能凭直觉发现一闪而过的不逊、无礼、不合和怪异，也能发现十分优雅的动作、漂亮的手势和从扶手椅里站起时的轻盈，清楚地知道反思的时候时间过得飞快，而思考过后总是感到非常狼狈；喜欢格洛丽亚·格雷厄姆（Gloria Grahame）的尖下巴、忽闪的眼睛和一连

格洛丽亚·格雷厄姆（1923—1981），美国女演员，以性感形象与演出恶女著称。

串的笑声；害怕流沙，害怕地面突然坍塌，害怕崴脚，害怕墨西哥金字塔又高又窄的台阶；将紫阳花做成华美的花束；用微笑来回答所有小婴儿无声的疑问：“你是谁呀？”

你看得出来，最亲爱的让-夏勒，这些并不是什么高深的哲学思辨，不是对于生命的虚无的深刻反思，也不是每个人难言的隐私。仅仅是把自己的生活中的每一幕变成一件美好的珍宝，它会不断地自动生长，让我们每天都能从中汲取力量。这一切真的很平常，对不对？在一堆混杂又无条理的感情、感觉和情绪之中，一定有你曾经体会过并且以后也一直会体验到的幸福。你拥有自己的记忆作养料，这些记忆会在某个时刻重现，在未来的每一步陪伴你和支持你。我学会了承认它们的价值：它们是人生中代价昂贵的基石。所以，人生比我们以为的要丰富有趣得多，特别要记住，你所拥有的这一切永远不可能被人夺走。

“用一条非常宽的黑色皮带扣住，

变成束身上衣”

1955年

翻开新的一页

我写的这些东西稀松平常，我告诉收信人。是的，但它们是首要的必需品。抛开可以给我们下的外在定义，抛开外表长相，抛开大体个性，抛开与他人的关联，抛开职业和个人的活动，抛开亲友关系，抛开名声，抛开承诺与立场，抛开所属的各种圈子，抛开这些不无道理却是人为创造且具有迷惑性的定义，内心深处的“我”到底是谁？而这个“我”，作为我们的财富，是通过与外部世界建立联结而形成的——通过观察的能力，通过与有生命的东西产生共情，通过与真实合二为一的能力。“我”并不仅仅是一个有所思有所为的人，而且是一个依照某种不断再生的隐秘力量之法则而有所感有所觉的人。如果完全失去了好奇心、共情、欲望和感到痛苦与愉悦的能力，这个我除了思考、说话、行事，还剩下什么？

我想捕捉推动我们前进、使我们成为我们自己的那股难以觉察的力量。这股力量当然依存于我们过去的人生经历，但它并非只偏重过去，它也是当下和将来任何行为的本质和理由（尽管后者往往被忽视）。假如某些引导人生方向的事件不曾发生，假如“我”不曾有机会感受到某种情感，在某种场景里激动不已，通过身体得到某种体验，“我”就不会是现在的“我”。

写这本书就是为了让我们认识到，塑造我们的并不仅仅是纯真的童年那一段短短的经历，还有情感日积月累而成的深厚养分，而这两者还在不断地塑造着我们这样有感觉的生命；为了让我们不被要实现的目标——建立事业、创办公司、确保收益——遮蔽了心灵，看不见与之相关的“我”；为了让我们明白，在不断努力活下去这件了不起的事情背后，深层的动机是好奇心，是“我”看待周遭世界时所带有的同情、善意的目光或批判、建设的目光。

要留给自己一点儿时间来打造这样一个关于感觉记忆的私密收藏，这个收藏虽说私密却可与人分享，因为它属于“人的境况”的根本基质。在谈到“人的境况”和类似表达（比如“泪之谷”的意思是活在人间）的时候，我们总是会想起令人煎熬的痛苦体验和死亡的终极体验。没错，但它还包括对人生保持“兴味盎然”（布列塔尼人常这么说）的能力，拥有本能嗜好和欲望的能力，能感知和感觉的能力，能被触动、感动且激动，还能把所有这一切传达给理解这种共同语言的人。

这个“我”同时也是由记忆构成的，可人的记忆是根据什么来取舍的？实际上，记忆的选择并不受人的意志左右，而精神分析对人为何需要遗忘部分记忆做出了很多解释，虽然并非所有消失的记忆都属于无意识。一个事件过去，成了过眼云烟，而最本质的东西已经被刻入身体里，在某个回想所带来的短暂韵味、某种令人震颤的感觉、某种强烈到出人意料甚至令人无法理解的情绪的刺激下突然重现。为什么？当然是因为我们内心炽热的声音和我们自己都没意识到的随着时间推移所积蓄的生命活力。回忆已不再，而身体的感官记忆仍在述说。我们的身体布满传感器，传感器记录下持久的印记，而这些印记被我们当作引导自身行为的监护者。过多的记忆会让我们无法行动，最后留下的是所有可能出现的情感当中真正打动我们的几种原型。

普鲁斯特所言“虽不中，不远矣”。然而，唤醒记忆的不是玛德莱娜小蛋糕的滋味，而是彼时他体验到的快感令其回想到童年时相同的感官骚动，因为去给姨妈请安行礼，在这个过程中，幽闭的氛围、不同寻常的个性、时间、姨妈本人、茶水和玛德莱娜小蛋糕，所有这一切聚集成一支正中红心的箭，永远地扎进这种糕点香甜又有点儿平淡的气味里，也就是说他将全部的永恒生命力凝结在让他体验到这些感觉的点心里，对于幼时的他来说，这也许是最有可能做到的。

从某种意义上来说，孔狄亚克(Condillac)的感觉论在我们每个人身上都体现了它的重要性。世界先通过我们的感觉而存在，然后在我们的思想里以有序的形式存在。我们要想尽一切办法终生保持这种感官创造力：看、听、观察、听见、触摸、抚摸、感觉、嗅闻、品尝，保持“兴味盎然”，对一切，对他人，对生活。

巴黎

年轻女士

1965年

图书在版编目（CIP）数据

生活之盐 / [法] 弗朗索瓦丝·埃里捷著 ；周行译. — 北京 ：生活书店出版有限公司，2017.1
ISBN 978-7-80768-175-5

Ⅰ. ①生… Ⅱ. ①弗… ②周… Ⅲ. ①人生哲学－通俗读物
Ⅳ. ①B821-49

中国版本图书馆CIP数据核字(2016)第261687号

策 划 人　李　娟
责任编辑　李　娟　叶敏娟
装帧设计　视觉共振设计工作室
插　　画　潘若霓
责任印制　常宁强
出版发行　生活书店出版有限公司　（北京市东城区美术馆东街22号）
邮　　编　100010
经　　销　新华书店
印　　刷　北京顶佳世纪有限公司
版　　次　2017年1月北京第1版　2017年1月北京第1次印刷
开　　本　787毫米×1092毫米　1/32　　印张5.75
字　　数　66千字
印　　数　00,001-15,000册
定　　价　39.00元
（印装查询：010-64052612；邮购查询：010-84010542）